生态环保百科

SHENGTAI HUANBAO BAIKE

（中学版）

《生态环保百科》编写组　编

江西人民出版社
Jiangxi People's Publishing House
全国百佳出版社

图书在版编目（CIP）数据

生态环保百科：中学版/《生态环保百科》编写组编. -- 南昌：江西人民出版社，2016.7
ISBN 978-7-210-08602-4

Ⅰ．①生… Ⅱ．①生… Ⅲ．①生态环境—环境保护—青少年读物 Ⅳ．①X171.1-49

中国版本图书馆 CIP 数据核字(2016)第 156541 号

生态环保百科
（中学版）

责任编辑： 李月华

书籍设计： 山东九德文化

出　　版： 江西人民出版社

发　　行： 各地新华书店

地　　址： 江西省南昌市三经路 47 号附 1 号

编辑部电话： 0791－86898143

发行部电话： 0791－86898815

邮　　编： 330006

网　　址： www.jxpph.com

E-mail: jxpph@tom.com　web@jxpph.com

2016 年 7 月第 1 版　2016 年 7 月第 1 次印刷

开　　本： 880mm×1230mm　32k

印　　张： 3.5

字　　数： 50 千字

ISBN 978-7-210-08602-4

定　　价： 20.00 元

承 印 厂： 江西宏达印刷有限公司

本书编委会

委　员　张德意　　游道勤　　余　晖

　　　　　黄心刚　　陈世象　　罗安瑜

　　　　　李月华

执笔人　范荣德　　刘　翀

自序

播撒绿色的种子

人类工业文明的发展是以对环境的极大损伤为代价的。对自然的恣意索取造成了土地沙化、水土流失、资源枯竭和一系列触目惊心的环境污染问题。人类赖以生存与发展的生态环境面临着前所未有的危机。加强环境保护、改善生存条件、谋求可持续发展成为人类共同的追求。

可持续发展的关键问题是生态环境保护。环境保护，教育为本。青少年是未来的主人。帮助青少年树立正确的生态文化观，培育应有的生态道德，是保护生态环境、提高生态环境质量的重要基础。

在我们国家，"史上最严环保法"已获通过并实施，生态文明已成为社会的主流价值观，对青少年进行环保教育也已成为学校德育的一项重要内容。为顺应生态文明建设的时代命题，响应国家加强生态环境保护知识的宣传和普及，培育中小学生保护生态环境的意识，促进环境保护和生态文明知识进课堂、进教材的号召，我们特编写了这套书。

我们相信，保护环境，爱护地球，只有让绿色教育深入童心，让环保这颗绿色的种子在青少年心中深深地扎根，我们才能营造出人与自然和谐相处的社会风尚，才会拥有一个健康绿色的明天。

目录

第一篇
神奇的空气

第一章 大气的知识

大气分层

从地球表面向上,随高度的增加,空气越来越稀薄。大气的上界可延伸到 2000~3000 千米的高度。根据大气层温度和高度的变化,大气层由地面垂直向上分为对流层、平流层、中间层、暖层和外层。

💡 对流层

对流层是大气的最下层。对流层质量占大气总质量的75%。大气中90%的水汽在对流层。在对流层,平均每升高 100 米,气温降低 0.65℃。因为地面性质不同,从而导致受热不均,产生空气对流运动。

对流层的天气复杂多变,雾、雨、雪等都集中在对流层

环保小知识

暖层以上称为外层或者散逸层,它是大气的最外一层。在这里,空气极其稀薄,气温也随高度增加而升高。大气层与星际空间是逐渐过渡的,并没有截然的界限。

平流层

对流层顶到 55 千米高度为平流层。这里的水汽、尘埃含量极少，因此天气晴朗，大气透明度好。平流层的下层随高度增加气温变化很小，而在 20 千米以上，气温又随高度增加而显著升高。

中间层

从平流层顶到 85 千米高度为中间层。在这里气温随高度增高而迅速降低，中间层顶气温降至 $-83℃\sim-113℃$。这里的大气上部冷、下部暖，空气出现强烈地对流运动。

外层

暖层

中间层

平流层

对流层

↟ 空气的分层示意图

暖层

从中间层顶到 800 千米高度为暖层。这里空气含量很低，密度约为地面的百亿分之一。在暖层随高度的增高，气温迅速升高。据探测，在 300 千米高度，气温可达 1000℃以上。

气候变化

气候变化是一种最为复杂的自然现象，它不仅决定着地球上一个地区土壤、植被种类的形成，还影响着人类的活动。

💡 气候的定义

气候是某一地区多年中常见的和特殊的年份偶然出现的天气状况的综合，它与天气有着密不可分的关系。

环保小知识

当我们去动物园的时候，不要将携带的食物在未经管理员允许的情况下喂给动物，更不要向动物乱丢饮料和杂物。因为任何一个小的违规举动都有可能给动物带来生命危险。

↟ 夏季气候炎热，人们在烈日下活动时会打遮阳伞以防止被晒伤

💡 气候系统

气候系统由大气、海洋、陆地表面、冰雪覆盖层和生物圈五个部分组成。太阳辐射是这个系统的主要能源。

💡 气候与天气的关系

气候和天气有密切关系：天气是气候的基础，气候是对天气的概括。一个地方的气候特征是通过该地区各气象要素多年以来的综合状况而反映出来的。

↑ 冬天气候变得寒冷，人们会穿着厚厚的棉衣来防寒

💡 气候对人类的意义

无论是自然原因还是人为破坏所造成的地球气候系统的变化，对人类来说都意味着灾难的来临。早期的气候变化主要是自然因素，而随着人类的飞速发展，人类的某些活动逐渐成为改变气候的重要因素。

↑ 地球气候变暖是发生水灾的重要原因之一

空气质量测定

空气的好坏，人们很早以前就有了一个概念，即是用直觉来判断，以有无恶臭作为判断的标准。自从工业革命以来，由于工业发达国家不断地出现大气污染事件，使人们对空气质量的重要性有了更深入的认识，科学的空气质量测定也应运而生。

复杂的空气质量

近百年来，人们对空气质量形成和变化的化学和物理过程做过详细调查、监测、研究后，得知能见度不能作为判定空气质量的唯一标准。因为空气质量的变化是复杂的，受许多因素的影响。

环保小知识

我国重点城市的空气质量日报主要包括三个方面的内容：首要污染物、空气质量指数和空气质量级别。

当我们生活在受到污染的空气之中时，健康就会受到影响

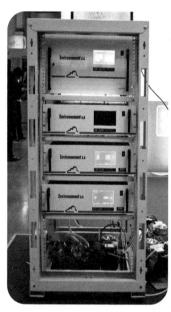

空气质量自动监测系统

💡 测定空气质量

现在世界各国已经公布的空气质量标准是根据当今科学技术水平所做毒理试验和流行病资料，并结合各国实际情况制定的。

💡 发达国家空气质量测定

美国、荷兰、德国等一些工业发达国家采用先进的大气实时动态监测系统，开展空气污染浓度预报和空气污染潜势预报，为当地政府提供依据，对可能出现的空气污染提前采取措施。

💡 空气质量标准

1982 年，我国国务院环境保护领导小组批准发布了中华人民共和国《大气环境质量标准》。该标准分为三级：一级为保护自然生态和人群健康，在长期接触情况下，不发生任何危害影响的空气质量要求；二级为保护人群健康和城市、乡村的动植物，在长期和短期接触情况下，不发生伤害的空气质量要求；三级为保护人群不发生急、慢性中毒和城市一般动植物正常生长的空气质量要求。

拓展阅读

印度博帕尔毒气泄漏

突如其来的毒气袭击了印度的博帕尔，2500多人死于非命，20多万人中毒，这个噩耗震惊了世界各国。

气体渗漏

1984年12月3日凌晨，距印度首都新德里以南750千米的博帕尔市附近的美国联合碳化物公司所属的一家农药厂突然传出几声巨大的爆炸声，原来是一个装有剧毒气体的储气罐因温度过高而炸开。爆炸后，罐内气体渗漏并很快飘散开。

危害严重

事故发生后仅两天，就有2500余人丧生，另有20多万人受到毒气不同程度的伤害。

博帕尔农药厂一个装有剧毒气体的储气罐，现在已经废弃了

手捧博帕尔事件中遇难者照片的当地居民

狰狞的面目

造成博帕尔事件的罪魁祸首是一种叫做异氰酸甲酯的剧毒气体。这种气体只要在空气中稍一停留，就会使人感到眼睛疼痛，若浓度稍高，就会使人窒息。

杀人毒气

异氰酸甲酯是两大杀人毒气的一种，人只要吸入一点点，便会死亡。即使是幸存者，也会染上肺气肿、哮喘、支气管炎，并且双目失明，肝肾也会受到严重损害。二战中，德国法西斯正是用这种毒气杀害了大批关在集中营的犹太人。

案件完结

事故发生后，印美双方进行了长达5年的反复交涉、磋商。1989年2月4日，印度最高法院要求美国联合碳化物公司向印度赔偿4.7亿美元的损失。美国这家公司也表示接受印方的要求。至此，这件诉讼案终于得到了解决。博帕尔事件带给人们惨痛的经验教训，使人们充分认识到对工厂里污染气体的严密监控和防护的重要性。

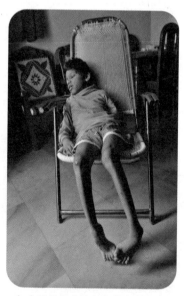
在博帕尔事件中侥幸逃生的受害者中，有5万人可能永久失明或终生残疾，余生将苦日无尽

祭奠在博帕尔事件中遇难的亲人

污染空气的气体

工业生产不仅仅会产生大量的大气污染物,还会产生很多可燃或易爆的危险气体。这些气体同样会给人们带来危害,也会对大气环境造成污染。

含硫的气体

硫在地壳中分布很广,含量丰富。各种矿物燃料都含硫,有色金属和黑色金属多为硫化物矿床。硫对大气环境的污染主要是指硫氧化物和硫化氢对大气的污染。

↑ 硫化气体

刺鼻的二氧化硫

二氧化硫是主要的大气污染物之一,在矿物燃料和植物燃烧、含硫矿石冶炼、石油化工和硫酸厂生产等过程中都会有二氧化硫排放。它对人的结膜和上呼吸道黏膜具有强烈的刺激。

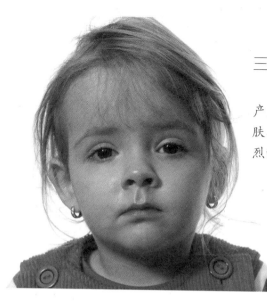

三氧化硫

现代工业生产还会产生三氧化硫，它对皮肤、黏膜等组织也具有强烈的刺激和腐蚀作用。

◀ 三氧化硫对人体皮肤、眼睛及呼吸系统有强烈的刺激和腐蚀性，可引起结膜炎、水肿。图中是一名患结膜炎的小女孩

臭鸡蛋味的硫化氢

硫化氢是带有臭鸡蛋气味的有毒气体。人为产生的硫化氢每年约 300 万吨，主要来源是牛皮纸浆厂、炼焦厂、炼油厂和人造丝厂。硫化氢在人体内可被吸收进入血液，与血红蛋白结合生成硫化血红蛋白而使人出现中毒症状。

▼ 炼油厂排放的硫化氢气体

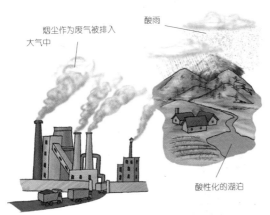

烟尘作为废气被排入大气中

酸雨

酸性化的湖泊

酸雨的形成示意图

变酸的雨水

酸雨的形成是一种复杂的大气化学和大气物理现象，酸雨中含有多种有机酸和无机酸，绝大部分是硫酸和硝酸。这些酸是由人为排放的二氧化硫等转化而成的。

破坏生态的酸雨

酸雨不仅对淡水生态系统造成危害，还使土壤酸化，并危害植物根系和茎叶。植物是陆地生态系统的生产者，动物是消费者，微生物是分解者。植物受到危害，动物和微生物相继受到影响，从而破坏陆地生态系统的平衡。

被酸雨破坏的森林

含氮气体

从山顶到海滨，动物和植物都暴露在化学元素氮的包围中。尽管这种元素是构成生命的关键成分，但是它也可以是一种严重的污染元素。

↑ 海滨

不稳定的一氧化氮

大气污染物中的一氧化氮主要是由工业燃煤以及汽车尾气而产生，性质不稳定，在空气中容易氧化成二氧化氮。

消耗氧的一氧化氮

一氧化氮通过呼吸道及肺进入血液，使其失去输氧能力，产生与一氧化碳相同的严重后果。氮氧化物侵入肺脏深处的肺毛细血管，引起肺水肿等疾病。

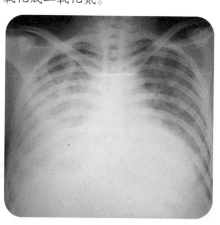

↑ 肺水肿病人的 X 片

我和环保

我们在洗衣服时，将衣物集中大量清洗，采用自然风干而不用烘干机，这些简单的方法能成功减少90%洗衣时制造出的污染气体。

红棕色的二氧化氮

二氧化氮是大气污染物中氮氧化合物的主要成分，也是毒性最高的成分，性质稳定，在常温下为红棕色刺鼻的气体。

第二章 我们身边的空气

空气研究

人类的生存离不开空气,空气对人的重要性不言而喻,更好地研究利用空气已经成为重要的学科。气象研究让人们能实时了解天气状况,指导生活生产;空气动力研究让飞机的性能更加优越,让汽车跑的更快、更节省能源……

↑ 气象卫星

🔆 气象学

气象学是研究大气层内各层大气运动的规律、对流层内发生的天气现象和地面上旱涝冷暖等的学科。它的研究范围包括厚约3000千米的大气层中发生的各种常见的天气现象。

🔆 天气预报

气象专家利用卫星拍摄云团的图像、观测地球大气层的变幻、测量气压等,然后再利用计算机计算出云团在未来的运动情况,这样就可以更加准确地预报天气了。

💡 空气动力学

空气动力学是研究物体在空气中做相对运动时的受力特性、气体流动规律和伴随发生的物理化学变化。它是随着航空工业和喷气推进技术的发展而成长起来的一门学科。

💡 飞机的动力学应用

飞机是靠空气提供的升力飞上蓝天的。但是在飞行速度接近声速时，飞行器的阻力突增，升力骤降，操纵性和稳定性极度恶化。后来通过跨声速巡航飞行、机动飞行等技术才解决了这个问题。

▽ 在高空飞翔的飞机

第二章 我们身边的空气

15

中国环境现状

中国加入世贸组织（WTO）后，经济快速增长，成为全球经济增长的重要引擎。全球资源的需求和消耗急剧增加，这导致中国的环境急剧恶化，在全球范围内，中国已经成为世界上最大的污染者之一，各种环境问题集中爆发。

💡 中国二氧化碳的排放

当前中国已经成为仅次于美国的全球第二大温室气体排放国。1994年中国温室气体排放总量为40.6亿吨二氧化碳，而2004年达到了61亿吨，年均增长率约为4%。

作为一个中国人，应该珍惜我们美好的家园，自觉保护环境

💡 中国臭氧的消耗

中国是世界上最大的消耗臭氧层物质的生产国和消费国。1999年，中国成功地将消耗臭氧层物质的生产和使用冻结在1995—1997年的水平，但对臭氧层的破坏还在继续。

▲ 被酸雨破坏的森林

💡 华南酸雨区

煤炭中含有大量的氮和硫，而煤炭是中国主要的能源。中国华南地区煤炭丰富，这里成为了目前世界上唯一的酸雨尚未得到有效治理的地区。

💡 化学污染

中国是化学品生产与消费大国。快速扩张的化工行业生产和消费，对全球空气、水以及土壤的污染影响巨大。特别是持久性有机污染物对人体健康危害极大。

环保小知识

热带雨林被称为"地球之肺"，但它却遭到严重的破坏。中国已经成为最大的热带雨林木材进口国，全球市场大约50%的热带雨林木材被运往中国。

第二章　我们身边的空气

1

拓展阅读

拯救大气

　　自工业革命以来，人类已经将大量的各种类型的大气污染物排入天空。面对日渐污浊的天空，我们不得不扪心自问：围绕地球的大气圈究竟会变成什么模样？也有越来越多的人发出了"救救我们的大气"的呼声。

颁布法令

　　英国在 1952 年和 1956 年经历了两次伦敦烟雾事件后，颁布了《清洁空气法令》，禁止伦敦市的家庭、工厂和发电站燃烧煤，家庭煮饭取暖改用煤气和电等。美国洛杉矶也于 1961 年颁布了《清洁空气法令》。

大力发展公共交通也是拯救大气的一项措施

保护天然林，禁止砍伐

绿色植物

绿色植物最为重要的功能是"换气功能",它能提供新鲜的氧气,维持着生物圈的平衡和发展。人类现在已经认识到森林对生命发展的重要性,我国政府在 1999 年已下达禁止砍伐天然林的决定。

保护臭氧的法令

1987 年,世界气象组织和各国政府开会协商订立了《蒙特利尔议定书》,限制使用消耗臭氧的氟利昂等来保护大气的臭氧层。我国也制定了一系列的法令,如《气象法》和《环境保护法》来控制污染源。

空气监控

为了掌握空气污染的情况,许多国家建立了空气污染监测站。例如英国建立了约 1500 个空气污染监测站,我国也建立了大气本底监测站。

空气监测器

第二篇
生命之源

第一章 减少的水资源

冰川消融

冰雪消融，在许多人心目中可能是一个春天即将来临的好迹象，但关注气候变化问题的科学家们不无忧虑地指出，全球变暖以及由此带来的冰雪加速消融，正在对全人类以及其他物种的生存构成严重威胁。如果不及时采取措施，也许某一天地球真的会像电影中描绘的那样，变成"未来水世界"。

💡 什么是冰川

在地球的南北两极和高山上分布着大量的冰川，它是地球上最大的淡水水库，约占全球淡水储量的69%。因为冰川能够在自身重力作用下沿着一定的地形向下滑动，如同缓慢流动的河流一样，所以被称为冰川。

▼ 冰川

💡 江河源头

冰川的变化受到地球气候变化的影响,同时它也反过来影响着周围的环境。位于中纬度地区的山地冰川就像是一座座水塔,哺育着众多的大江大河。冰川,从某种意义上来说就是江河之源。

正在消融的冰川

💡 快速消融

近几十年来,由于气候变暖,全球冰川正以惊人的速度消融。2005 年度世界冰川的平均厚度减少了 0.5 米,而 2006 年度这个数字就变成了 1.5 米。冰川消融的速度正在不断加快。

💡 全球升温

按照目前的融化速度,2100 年,两极地区的海上浮冰预计将比现在减少四分之一。届时,北冰洋在夏季可能连一块冰都没有。浮冰的减少会降低这些海域对阳光的反射能力,海水吸收的热量就会增加,这样又进一步加快了全球变暖的速度。

海上的浮冰

第一章 减少的水资源

23

💡 海水上涨

南极洲和格陵兰岛拥有全球 98%~99% 的淡水冰。如果格陵兰岛冰盖全部融化，全球海平面预计将上升 7 米。即使格陵兰岛冰盖只融化 20%，南极洲冰盖融化 5%，海平面也将上升 4~5 米。

↑ 格陵兰岛

💡 催生"万年病毒"

随着全球升温，一直"沉睡"于南北两极冰川冰层的"万年病毒"将会随着消融的冰水在温暖的环境中重新被"激活"，犹如神话中的"潘多拉魔盒"被慢慢开启，人类将面临同远古病毒作战的威胁。

💡 淹没城市

↑ 逐渐消融的冰山

冰川消融会导致海平面上升，海水会淹没沿岸大片地区，荷兰、英国等几十个低洼国家将不复存在。而根据世界上现有的人口规模及分布状况，如果海平面上升 1 米，全球就将有 1.45 亿人的家园被海水吞没。

💡 灾害不断

冰川过度消融会带来淡水危机。冰川消融还会给局部地区带来洪水、干旱等自然灾害。一些动植物的生活环境会遭到破坏，人类的生存环境也会受到威胁，甚至在水源稀缺的地区会引发争水冲突。

冰川

💡 行动起来

地球上的冰川以前所未有的速度在消失，这已向人类敲响了警钟。2007年世界环境日（6月5日）的主题为"冰川消融，后果堪忧"。行动起来吧，减少二氧化碳和其他温室气体的排放量，尊重科学，尊重自然规律，保护环境，因为拯救冰川就是拯救我们人类自己！

环保小知识

延缓冰川消融，遏制全球气候变暖，我们能够做什么呢？在日常生活中合理使用电器、使用节能电器、随手关灯、出门前3分钟关掉空调、每天减少3分钟的冰箱开启时间、电器关闭后及时拔掉插头、尽量选择乘坐公共交通工具、用手帕代替纸巾、积极参加植树活动等。

冰川的消融，会使企鹅失去生活栖息地

水土流失

为华夏文明做出过巨大贡献的黄土高原,今天在人们的心目中似乎已成为荒凉、贫困和落后的同义语,导致这一现象的原因就是水土流失。水土流失是自然界的一种现象。水的流动,带走了地球表面的土壤,使得土地变得贫瘠,岩石裸露,植被遭到破坏,生态恶化。

千沟万壑的黄土高原

黄土高原地区的水土流失面积达45万平方千米,占总面积的70.9%,是我国乃至全世界水土流失最严重的地区。而1500多年前的黄河中游也曾"临广泽而带清流",森林茂密,群羊塞道。正是人类掠夺性的开发掠去了植被,带来了风沙,使水土流失把黄土高原刻画得满目疮痍。

黄土高原

💡 水土流失产生的原因

水土流失发生的自然原因是地貌起伏不平、陡坡沟多、降水集中、多暴雨、地表土质疏松、植被稀少等,而人类毁林开荒、超载放牧、盲目扩大耕地、乱砍滥伐、破坏天然植被是造成水土流失的主要因素。

▲ 乱砍滥伐

💡 肆意开垦

每年,黄河流域破坏耕地 550 万亩!更严重的是,水土流失使土壤的肥力显著下降,造成农作物大量减产。越是减产,人们就越要多开垦荒地,开垦荒地越多,水土流失就越严重,就这样,越垦越穷,越穷越垦。

💡 黄河的变迁

黄河流域在公元前3000~前2000年时,地理环境非常适合植物的生长和人类的生活,关中平原直到战国时期依然"山林川谷美,天才之力多"。后来,由于人口的增加,无限制地开垦放牧,使森林毁灭,草原破坏,黄土高原被黄河卷走大量土壤,形成千沟万壑的地表形态。

环保小知识

我国的水土流失总面积已达 356 万平方千米,占国土面积的 37%,每年流失土壤 50 亿吨,毁掉耕地 100 多万亩,其中,长江流域年土壤流失总量为 24 亿吨,黄河流域黄土高原区每年进入黄河的泥沙多达 16 亿吨。

▲ 黄河下游

泥石流摧毁山路

💡 引起多重灾害

水土流失会引发许多自然灾害。在高山深谷，能引起泥石流灾害，危及工矿交通设施安全；在干旱和半干旱地区会加剧大气干旱及土壤干旱的危害。

💡 灾害频发区

长江上游云南、贵州、四川、陕西、重庆和湖北等省、自治区、直辖市的 43 个县，是山洪、滑坡和泥石流等水土流失灾害发生最多、最频繁的地区。

💡 影响水质

土壤中含有的大量的氮、磷、钾等养分会随着水土流失而污染水源，引起湖泊的富营养化。仅仅黄河每年所携带的泥沙中含氮、磷、钾等的养分就达数亿吨，而其中绝大部分来自黄土高原。

黄土高原土质松散，富含氮、磷、钾等养分

💡 流失的土壤肥力

肥沃的土壤,能够不断供应和调节植物正常生长所需要的水分、养分(如腐殖质、氮、磷、钾等)、空气和热量。长江和黄河每年流失的泥沙量达40亿吨,其中所含的有机肥料相当于50个年产量为50万吨的化肥厂的总产量。

▲ 泥石流灾害

💡 不断恶化的生态环境

20世纪30~60年代,人们认为水土流失仅仅会造成经济损失,但在60年代以后,人们开始认识到水土流失更能使生态环境恶化。土地退化,无法耕种,植物死亡,地表裸露,恶劣的生态环境还会导致气候变化,威胁人类的整个生存环境。

💡 小流域治理

全国水土流失涉及近千个县,主要分布在西北黄土高原、江南丘陵山地和北方土石山区。在水如油、土似金的黄土高原上,人们顽强地种草种树、修建梯田、挖水平沟、打窑蓄水、进行小流域综合治理,甚至人们还会提着水去灌溉土地。

▽ 梯田

地下水的过度开采

意大利的比萨斜塔是世界建筑史上的奇迹，也是闻名遐迩的旅游景点，它的著名就在于它的斜而不倒。现在，地球上的许多地方都出现了类似的建筑物，这是城市地面沉降的危险信号，而人类过分抽取地下水则是"罪魁"。

↑ 地下水

💡 过度的开采

地下水是水资源的重要组成部分，由于水量稳定，水质好，它是农业灌溉、工矿和城市的重要水源之一。我国地下水资源约占水资源总量的1/3。随着社会经济的发展，人们对地下水的开采量也逐年增加。

💡 存量不多的地下水

地下水资源毕竟是十分有限的，任意地过度抽取地下水，也会带来一系列严重后果。当地下水的抽取量远远大于它的自然补给量时，就会造成地下含水层衰竭、地面沉降以及海水入侵、地下水污染等恶果。

💡 地面下沉

因为长期超采地下水,我国长江以南的许多地区都出现了地面沉降的现象,其中上海市是我国发生地面沉降现象最早、影响最大、危害最严重的城市。其他发生地面沉降且灾害影响显著的城市约有50座,其中西安、北京、天津、南京、无锡、宁波、大同、台北等最为严重。

▲ 上海市

▲ 地面塌陷

环保小知识

目前世界上已有50多个国家和地区发生了不同程度的地面沉降,意大利的威尼斯在过去300年间下陷了0.3米。美国的新奥尔良自1878年以来下沉了4.5米,是美国下沉速度最快的城市。泰国的曼谷也在以每年5厘米的速度下沉,预计到2050年将下沉至海平面以下。

💡 令人恐惧的地面塌陷

地裂缝和地面塌陷会使建筑物地基下沉、墙壁开裂、公路坏损、农田被毁,严重地影响工农业生产与居民生活,并造成很大的经济损失。

🔆 **地面沉降的危害**

地面沉降的主要危害是导致地面海拔高度降低,沿海城市对风暴潮的抵抗能力减弱,城市中的建筑物会倾斜或下陷,地下设施和地下管道会失去作用。沿海的工业城市如果没有相应的保护措施而盲目地大量开采地下水,有朝一日会下沉到海平面以下,被海水淹没。

沿海城市

🔆 **海水入侵的危害**

海水入侵使地下水不同程度的咸化,造成当地群众饮水困难,土地发生盐渍化,多数农田减产 20%~40%,严重的达到 50%~60%,非常严重的达到 80%,个别地方甚至绝产。

环保小知识

2003 年 8 月 4 日,广东阳春市岩溶塌陷造成 6 栋民房倒塌、2 人伤亡、80 多户 400 多人受灾;2000 年 4 月 6 日,武汉洪山区岩溶塌陷造成 4 幢民房倒塌,150 多户 900 多人受灾;20 世纪 80 年代,山东泰安岩溶塌陷造成京沪铁路一度中断、长期减速慢行……

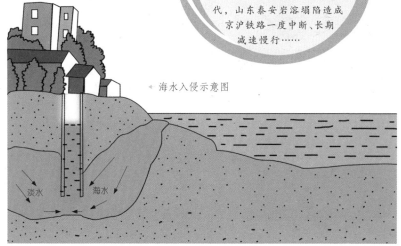

海水入侵示意图

淡水　海水

💡 岌岌可危的绿洲和草原

在新疆,由于超采地下水,天山北坡和吐哈盆地绿洲边缘植被严重退化,一些片状的沙漠开始合拢。我国第二大优质天然草场——库鲁斯台大草原的植被呈荒漠化发展。新疆塔里木河下游、内蒙古阿拉善地区的沙漠化也主要是由于水资源的不合理开发利用造成的。

▲ 新疆草原

💡 不当的垃圾掩埋

有些垃圾填埋场没有对垃圾做防渗处理,而是直接混合掩埋,生活垃圾与工业垃圾、危险废弃物全部就地掩埋。这些垃圾里的有毒有害物质经过雨水的作用,陆续渗透到地下水中,造成地下水污染。

▼ 垃圾掩埋

💡 保护地下水

地下水污染后再治理,是不可行的。预防是保护地下水资源最有效的措施,也几乎是唯一的措施。除预防污染外,还要计划开采、分配使用地下水,厉行节约用水,实行限额用水,提倡一水多用,循环用水,同时兴建地下水库,实行人工回灌地下水等措施。

拓展阅读

消失的湖泊

在地球的七大洲之中,广泛地分布着许多大小不一的湖泊。这些湖泊就如同地球的眼睛一样,日夜凝视着苍穹,守护着大地。然而,如今随着工业化的发展,世界各地的湖泊都在不断地发生着变化,有的甚至面临消失的危机。

湖泊是生命的源泉

湖泊是生命的源泉,是人类赖以生存和从事各种经济活动和社会活动的重要场所,湖泊的存在为人们的生存发展提供了重要的保障。湖水可以用来灌溉农田、沟通航道、提供饮用水源,还能繁衍水生物,发展水产品。

调节气候

湖泊的存在,可以调节湖区的气候,改善湖区的生态环境,提高环境质量。比如,我国的云南因为众多的湖泊存在,使得当地的气候四季皆宜,风光瑰丽多姿,许多湖泊碧波荡漾,风光优美,景色宜人,成为得天独厚的旅游胜地。

湖泊

天然的水库

内陆湖泊多是靠降水补给。在多雨的夏季，由于降水较多，河道会季节性的涨水，这时与湖泊相连的河道就会将多余的水注入湖泊，减少河道的水位压力，起到泄洪的作用；在干旱的季节，降水减少，河道面临断流的危险，此时湖泊水就会流入河道，避免河道干涸，从而起到调节水位的作用。

▲ 水库

▲ 湖泊退化

湖泊退化的可怕现实

随着世界工业化和城镇化进程的不断发展，人类活动对湖泊的影响日益加剧，填湖造地和围湖养鱼，使湖泊的数量和面积锐减。以我国为例，从20世纪20年代以来，全国平均每年约有20个天然湖泊消亡。

湖泊消失的主要原因

围湖造田是湖泊消失的首要原因，随着人口的增长，许多湖泊周围都出现了大面积围湖造田的现象，这使得湖泊面积锐减。此外，随着工业化和经济建设的发展，过度的工农业用水也导致了流入湖泊的水量减少，使得湖泊面积大量减少乃至完全消失。

我和环保

工业和生活废水排放量加大，使湖泊中藻类污染增加。这些废水中含有氮、磷和其他有害物质。湖泊中的藻类蔓延可以吸走水中的氧气，使鱼和湖中生物无法生存，最终导致水中动植物资源衰退，破坏湖泊的生态多样性和湖水的自净循环。

亚洲河流的危机

亚洲地域广袤，地形结构独特，气候复杂，亚洲河流的分布也显得独具特征。然而，在进入 20 世纪以后，亚洲的一些著名河流已经因为当地一味地发展经济而遭受严重的破坏，这些河流因水体遭到污染而导致大量淡水生物灭绝，水资源也面临短缺的危机。

怒江生态遭到破坏

怒江发源于我国西藏，流经缅甸和泰国。由于怒江水力资源丰富，所以在其上游建有多个水电站，致使下游水量减少，鱼类数量锐减。更为严重的是，在怒江上游沿岸有很多金属冶炼厂，这些冶炼厂随意排放污染物，使怒江受到重金属污染，河流生态遭到严重破坏。

↑ 长江

长江生态危机

长江流域是我国经济发展水平和城镇化水平较高的地区之一。在长江沿岸分布着许多工业和人口比较密集的城市，目前长江干流 60% 的水体都已受到不同程度的污染，工矿企业废水和城镇生活污水是长江流域的主要污染源，长江部分支流的污染和流域内湖泊的富营养化问题已非常突出。

危在旦夕的印度河

印度河曾经哺育了著名的印度文明，但在进入20世纪后，印度河流域因引进外资发展经济，许多外国大型化工厂在此建厂，这些工厂将含有化学药品残渣的废水大量排放进印度河，造成河流严重污染。经调查发现，印度河中的微量元素已严重超标，印度河已成为一条令人恐惧的"药河"。

▲ 印度河

污染成灾的恒河

恒河是印度繁荣和文明的象征，然而，恒河的污染情况已达灾难性的程度。恒河两岸的居民每天都会将生活污水倒入恒河，城市中每天也有上亿吨的污水不断流向恒河。印度教徒将恒河视为圣河，很多人都将恒河作为自己的葬身之地，因此在恒河上也常有漂浮的尸体。

我和环保

湄公河是一条跨越6个国家的长河，在湄公河的上游修有多处水电站，在中下游也修有水电站，这些水电站的修建，在一定程度上威胁到湄公河流域鱼类的生存，加上沿岸渔民的过度捕捞，湄公河的渔业资源岌岌可危。

▼ 恒河

第二章 水的污染

酸雨的危害

<big>酸</big>雨是随着大工业的兴起而产生的。它主要是由大气中的二氧化硫、三氧化硫和氮氧化物与雨、雪作用形成硫酸和硝酸,再随雨雪降落到地面。现在,世界上很多地区降水的含酸量要比 100 多年前未受污染的雨水含酸量高出几十、几百甚至几千倍。

💡 酸雨的产生

我们所讲的酸雨是指由于人类活动的影响,使得 pH 值小于 5.65 的酸性降水。酸雨是人类在生产生活中燃烧煤炭排放出来的二氧化硫,燃烧石油以及汽车尾气排放出来的氮氧化物,经过一系列成云致雨过程而形成的。随着近现代工业化的发展,这样的降水开始出现,并且逐年增多。

💡 危害人类生命

根据科学家估计,因酸雨的危害,每年要夺走 7500~12000 人的生命。北欧某些国家的婴儿因饮用酸化的井水而腹泻不止,不少人还因酸雨得眼疾、结肠癌、老年性痴呆症以及其他一些疾病。

🔺 火力发电厂和工业锅炉排放到大气中的酸性物质是形成酸雨的罪魁祸首

💡 腐蚀建筑

酸雨对石料、木料、水泥等建筑材料有很强的腐蚀作用，世界上许多古建筑和石雕艺术品都遭到了酸雨的腐蚀破坏，如我国的乐山大佛。酸雨还能直接危害电线、铁轨、桥梁和房屋。

▲ 乐山大佛

▲ 酸雨腐蚀了的石雕

环保小知识

应用甲醇、液化气等干净的燃料代替汽油、给汽车安装尾气净化器，都能降低汽车尾气中氮氧的排放量，此外，电动汽车的诞生也能减少空气中氮氧化物的含量，达到防止酸雨的目的。

💡 破坏土壤结构

酸雨还会毁灭土壤中的微生物，使有机物分解变慢，土壤板结，透气性差，从而影响植物的生长。酸雨还可以和土壤里的一些物质发生化学反应，如可以使土壤中的铝渗透出来，对生物产生毒害，酸化了的土壤中的养分也会大大流失。

💡 控制酸雨

控制酸雨的根本措施是减少二氧化硫和氮氧化物的排放。世界上酸雨最严重的欧洲和北美许多国家都已经采取了积极的对策，如优先使用低硫燃料、改进燃煤技术、开发太阳能和风能等。

▼ 太阳能

化学污染

在 正常情况下,水中元素和化合物含量很低,不会影响到我们的使用,但人类不断地向水中排放废弃物和污水,使水中的化学物质愈来愈多。据估计,有些水中化学物质种类已达 100 多万种。因此,化学污染物是当今世界性水污染中最大的一类污染物。

化学污染物的分类

化学污染物可分为无机污染物质、有机有毒物质、植物营养物质、油类污染物质等几类。生活与工业污水中所含的氮、磷等,以及农田排水中残余的氮和磷属于植物营养物质。石油对水体的污染属于油类污染物质污染。

工业污水

意外污染事故

　　还有因为意外事故而造成河流污染的现象，比如一辆运输有毒物质的卡车不小心掉入河流中，有毒物质外泄，就会污染河流。这种污染对下游沿河居民有很大的威胁，因此被污染河流的河水在一段时间里不能饮用。

被污染的河流

 ## 化学污染的危害

　　化学物质引起水污染的后果是非常严重的。剧毒物质会导致水中的生物中毒、发生基因突变、畸形、影响胚胎发育和鱼苗成活率等。剧毒物质还会通过食物链影响其他生物的生存，比如有些鸟类会因此趋于灭绝。污染还会使水体失去旅游、观光和疗养的价值。

水体污染

水俣病与痛痛病

20 世纪中期,战后日本的经济迅猛发展,一跃而成为世界经济强国。不过,为此也付出了惨痛的代价,因环境污染导致的水俣病、痛痛病的出现就是最典型的例子。怪病出现后,各种流言和猜测笼罩着周围地区,人们很长一段时间都生活在恐怖的气氛中。

奇怪的病

1953 年,在日本九州熊本县的水俣镇出现了许多奇怪的现象。首先是出现了大批病猫,这些猫像疯了一般,步态蹒跚,身体弯曲,纷纷跳海自杀。不久又出现了一批莫名其妙的病人,病人开始时口齿不清,表情呆滞,后来发展为全身麻木,精神失常,最后狂叫而死。

元凶出现

因为这种症状最早出现在水俣湾,所以被命名为"水俣病"。1968 年 9 月,人们最终确认此病是由于当地的氮肥厂将含汞的工业废水排入水俣湾引起的。汞沉到海底,经食物链而进入鱼类和贝类体内,猫和人长期食用这种含汞的鱼类和贝类,最后发生慢性中毒。

装有汞的瓶子,水俣病就是因为汞中毒而引起的

💡 令人恐惧的痛痛病

痛痛病发生在日本富山县，患了痛痛病的人，主要症状为骨质疏松，骨骼萎缩。曾有一个患者，打了一个喷嚏，全身多处发生骨折。因为患者疼痛遍及全身，痛痛病因此而得名。痛痛病在当地流行20多年，造成200多人死亡。

💡 镉污染所致

原来，日本富山县有条神通川河，当地居民都饮用这条河的水，并用河水灌溉两岸的庄稼。神通川河上游分布着矿产品冶炼厂，冶炼厂的废水中含有较多的镉，镉随废水流入河中，污染了整条河，人们食用了被镉污染的鱼和庄稼后就会发生镉中毒，因而会生"痛痛病"。

环保小知识

汞也称为水银，是我们常用的体温计里显示度数的银白色金属，它是一种剧毒的重金属，具有较强的挥发性。

↓ 矿物开采导致的水污染，痛痛病就是由于富山县的采矿活动而导致的镉中毒

拓展阅读

保护水环境

　　面对日益严峻的水资源短缺问题,保护水环境已成为全世界人民的共识。目前,世界各国纷纷采取措施保护水资源,主要途径有:节约和合理用水,减少对水资源的浪费;防止和治理水污染;植树造林,防止水土流失;淡化海水,扩大淡水来源等。保护水环境已成为我们刻不容缓的任务。

设立管理机构

　　世界各国建立了不同类型的水资源管理机构,一些国际性水域,如莱茵河、多瑙河及北美五大湖都成立了相应水源保护组织。我国的水资源保护工作始于 20 世纪 70 年代中期,已经颁布了《中华人民共和国环境保护法》《中华人民共和国水污染防治法》和《中华人民共和国水法》等相关法律。

↑ 植树

大力植树种草

　　大力发展绿化,增加森林面积。森林有涵养水源、减少蒸发及调节小气候的作用,林区和林区边缘还有可能增加降水量。所以,植树造林是我们始终不渝的责任。

污水再利用

城市开发利用污水资源，发展中水处理，污水回用技术。城市中部分工业生产和生活产生的污水经过处理净化后，可以达到一定的水质标准，作为非饮用水使用在绿化、卫生用水等方面。

↑ 中水可以作为非饮用水使用，如洒水车给地面洒水

各国的节水措施

地处干旱地区的科威特、沙特阿拉伯致力于开发海水淡化技术和运用先进的农业滴灌技术；在雨水充沛的印度国内，全民行动起来收集雨水；日本、德国等国家不断开发先进的节水型产品。世界各国的人们都行动了起来，积极参加节水行动。

提高保护意识

我们的生活离不开水，社会的进步还会产生污水，所以我们必须树立保护水环境的意识，时时刻刻注意节约水资源，尽最大努力减少污水对环境的破坏。行动起来吧，保护水资源，造福于子子孙孙，否则，剩下的最后一滴水就是我们的眼泪了。

↑ 节约用水

水的自净

河流、湖泊和小溪中的水都是流动的,人们常说的"流水不腐"的意思就是自然界中的水在循环过程中具备一种自我净化的能力,这使得自然界总保持有一定量的干净清洁的水,供所有的生物使用。

河流的自净

当污水流入河流中,河流就会被污染。进入河流中的污水首先被河水混合、稀释和扩散,而污染的河段还在一直不停的向前奔流,最终汇入大海,河流就实现了自身的净化。

海水的自净

海洋通过自身的物理、化学及生物作用,将污染物质的一部分或全部吸收、沉积、降解、稀释或转化,使环境恢复到原来的状况,这就是海水的自净能力。

蜿蜒的河流

影响海洋自净的因素

影响海洋自净能力的因素很多，主要有海岸地形、水中微生物的种类和数量、海水温度和含氧状况以及污染物的性质和浓度等。当然，海域空间越大，海水自净能力越强。

▲ 海水的运动加快了海洋的自净能力

不能净化的物质

海洋和地面水对于一般自然出现的有机物质都具有很强的自净能力，但对于合成洗涤剂、有机氯农药等有机化合物和诸如氰化物、重金属、放射性物质等有毒物质，自净作用则非常有限。

▲ 人类也是海水污染的源泉之一

其他影响因素

水体自净作用的强弱还受到其他许多因素的影响，比如水质、水温、水的流量流速以及河流的弯曲复杂程度等。

天然处理场

陆地上的主要江河最终流入大海，它们携带的污染物也会进入大海，要么沉积，要么消失，因此海洋是陆地污染物的天然处理场。但是如果江河带入了过多的污染物，海洋不仅无法消除污染，自身也可能遭到污染。

我和环保

污染物中质量比较大的物质也有可能沉积在河床上，容易氧化的物质通过水中的氧气进行氧化，有机物通过水中微生物进行生物氧化分解。这样，当经过一定时间，河水流到一定距离时，河水就恢复到原来的清洁状态，这就是河流的自净作用。

↑ 海洋

第三篇
大地母亲

第一章 我们的大地

 土壤中的有害物质

民 以食为天，食品安全本是人们最根本的需求。但曾几何时，餐桌却成了最不安全的地方，而祸根之一便是源自土壤中的有害物质。

💡 土壤中有害物质的分类

土壤中的有害物质是指能使土壤遭受污染的物质，大致可分为汞、镉、铬、铜等重金属污染物和农药污染物两大类。

⤴ 喷洒农药

💡 不断累积的重金属

重金属在土壤中一般不容易随水流动，也不容易被微生物分解，这就成为土壤中不断积累的污染物。

↑ 土壤

 传播方式

土壤中的有害物质通过不同的方式传播，其中食物链是最主要的途径。因为人的食物主要来自植物和动物，而动植物是从自然环境中得到营养才长成的。如果这些动植物含有了来自土壤中的有害物质，人吃了就有危险。

引起的疾病

痛痛病是发生在日本的一种含镉废水污染农田而引起的公害病，患者全身疼痛，日夜呼叫，故名痛痛病。病因主要是含镉的废水污染农田后进入稻米中，居民长期食用含镉很高的稻米而引起的。

环保小知识

在农业生产中，人们在田间经常喷洒化学农药以防治农作物病虫害的发生。由于某些农药性质特别稳定，不易分解，一直在土壤中聚集，致使农作物往往会携带微量的农药残留。所以，我们在吃瓜果蔬菜的时候，一定要洗干净再吃。

↑ 废水排放污染农田

第一章 我们的大地

51

土壤盐碱化

盐碱土是地球陆地上分布广泛的一种土壤类型,约占陆地总面积的25%。仅我国,盐碱地的面积就有3300多万公顷,大量的土地因此而荒废。如今,这一状况还有不断增大的趋势。

💡 什么是土壤盐碱化

土壤盐碱化是指土壤含盐量太高,而使农作物低产或不能生长的一种土壤状况。

△ 干旱

💡 如何形成的

盐碱化一般多发生在比较干旱的地区。因为地下水都含有一定的盐分,如果水面接近地面,那么上升到地表的水蒸发后便留下盐分,日积月累,土壤含盐量逐渐增加,形成盐碱土。如果是洼地,并且没有排水出路,那么洼地的水分蒸发后,会留下盐分,也会形成盐碱地。

💡 不利影响

土地盐碱化会造成土壤板结与肥力下降，这将不利于农作物吸收土壤中的养分，阻碍农作物生长。

▶ 土地盐碱化会
造成农作物枯死

💡 改良方法

种植水稻是我国改良利用盐碱地的一个重要方法。即在插秧前进行泡田洗盐，并通过生长期淹灌和排水换水，冲洗和排走土壤中的盐分，能较快地起到改良盐碱地的作用。

环保小知识

最近，我国科学家从一种盐生植物中成功地克隆出一种耐盐基因，并已导入多种植物。这一发现，将有望使占地球陆地总面积约四分之一的盐碱地变为"绿洲"。

▼ 种植水稻

土壤侵蚀

土壤侵蚀是指地面的土壤受到外力的作用而被冲刷或吹走，从而使原来的土壤变得贫瘠的现象。影响土壤侵蚀的因素有很多，其中的自然因素有土壤性状、降雨量、地形以及地面植物的覆盖情况。

💡 土壤性状的影响

我们都知道疏松的土壤富含有机质，结构比较好，雨水可以轻松地渗进土层。降雨时如果很大一部分水可以渗进土壤，那么土壤表面的流水就会减少，表层土壤被冲走的几率就会大大降低。

环保小知识

我国容易被雨水冲刷而受到侵蚀的地方，主要分布在黄河流域的甘肃、青海、山西、河南等省。

雨水的冲刷

💡 雨量

虽然疏松的土壤可以吸收一部分降雨,但是对于雨量较多的地区来说,这种作用就不明显了。尤其是雨量集中和常有暴雨的地区,土壤被冲刷的情况特别严重。有些山区,一阵暴雨过后,山坡上就可以看见许多深沟。

💡 地形

人们经过实验研究得出,地面的坡度每增加4倍,水流的速度就会增加1倍,而带走地面的物质质量则增加32倍。所以说,坡度越陡,水流对土壤的冲刷就越严重。

坡度对土壤的影响

💡 植被的影响

土壤和植被是一种共赢的关系。一方面土壤为植物提供生长所需的营养物质,另一方面植被可以保护土壤。植被不仅能防止雨水直接打击地面,而且能降低水流速度,减少冲刷力量。所以土壤表面如果有茂盛的植被,就可以有效防止土壤被冲刷掉。

绿油油的农田

拓展阅读

土壤保育

　　土壤是农作物生长的基地，因此关心土壤的身体，照顾好它的情绪，对于增产是大有益处的。给土壤适时补充营养物质，让它得到充分的休息，土壤就会给我们带来意想不到的丰收果实。

翻土

适当的翻土

　　要使土壤保持良好的状态，翻土是必不可少的。翻过的土地，经过风吹、日晒、雨淋和结冰，可以促进土壤的风化，同时也可以将地面上的杂草翻到土壤底层，使它们腐烂变成肥料。

合理施肥

　　为了补充土壤中有机物的消耗，以及每次植物收获时从土壤中带走的植物养料，人们必须在土地上合理地施用肥料。只有这样，土壤才能源源不断地为人们生产出新的果实。

施肥

良好的轮作制度

有经验的人都知道，长期在一块土地上种植一种植物，会使这种植物的产量降低。因此，人们创造了轮作制度，就是说在一块土地上不定时地更换作物的种类。如同一块地今年夏季种玉米，明年种西瓜。

▲ 玉米地

▲ 西瓜

轮作的好处

轮作的好处非常多，概括起来有：可以减少病虫害，可以减少田间的杂草，可以调剂劳动力，可以减轻自然灾害，可以合理利用和保持土壤的肥力等。

土壤改良

　　我国的土壤类型相当复杂，每种土壤都有自己的特性，因而肥力也不尽相同。为了最大限度地利用有限的土地资源，人们总是想出各种各样的方法，对那些肥力较差的土壤加以改良。

 ## 砂土的改良

　　砂土土质过于疏松，水分、养分很容易流失，对于植物的生长是相当不利的。人们研究发现给砂土中掺和一些黏土，多施用一些有机肥料就可以改善其性质。

我和环保

　　用化学改良剂改变土壤酸碱性的措施被称为土壤化学改良。常用的化学改良剂有石灰、石膏、磷石膏、氯化钙、腐殖酸钙等。应该注意的是化学改良必须结合水利、农业等措施，才可以取到良好的效果。

砂土

💡 黏土的改良

黏土中含有很多黏土粒,这种土干燥时容易结成坚硬的土块,或者发生龟裂,潮湿时又很有黏性,空气不易流通,不利于植物生长。在冬季深耕使上下层土壤充分混合,并掺入砂土、煤渣就可以减轻这种土壤的黏性。

↑ 煤渣可以改良黏土

💡 改良酸性土壤

酸性土壤是一种相对比较贫瘠的土壤,红壤就是酸性土壤的一种。目前人们改良酸性土壤常用的方法就是使用石灰。石灰不仅可以中和土壤的酸性,而且可以给植物提供钙、镁等营养元素。

↑ 红壤

💡 诸多好处

改良土壤的好处可多了。它不仅可以扩大农作物的面积,而且可以提高农产品的单位产量,实现土地的高效率利用。因此,对于那些存在明显缺陷的土地,我们应该积极改变它们的性状,使它们发挥应有的作用。

第二章 可怕的污染

土壤污染的信号

土壤是否受到污染了,受污染的程度如何,人们是怎样知道的。其实,生长在土壤上的植物、栖息在这片土地上的动物最有发言权了,它们会通过自身的生长习性告诉人们这里的土壤状况如何。它们究竟是怎么表现的呢?

💡 敏感的植物

植物一生所需的很多营养都是从土壤中获得的。因此,植物的健康状况可以直接反映它们所在的土壤是否健康。例如,排除光照、雨水等条件,植物的产量就可以衡量土壤的污染状况。

植物的健康状况和土壤的健康状况息息相关

💡 动物的指示作用

将不同的陆生动物暴露在土壤污染物中，从而确定污染土壤对栖息动物的危害，也是一种检验土壤污染状况的方法。

💡 微生物

微生物是土壤系统中非常重要的组成部分，它不仅是检验土壤肥力的重要指标，还可以对土壤的毒性做出指示。例如，当土壤污染后，一些污染物就能抑制某些细菌的活动，从而使土壤中某些元素减少。

↑ 土壤中含有丰富的微生物

💡 酶的作用

许多污染物，例如杀虫剂、药物，可以抑制或诱导酶的活性。目前，科学家们已经测出受外来污染物影响的酶有很多，常见的有多功能氧化酶、环氧化物水化酶等。

↑ 给植被喷洒农药

土壤污染的危害

土壤是地球上大多数生物生长、发育和繁衍栖息的场所，更是人类生存和发展的基础。如果土壤受到了污染，带来的危害和损失将无法估算。

💡 难以估计的损失

对于各种土壤污染造成的经济损失，目前尚难以估计。仅以土壤重金属污染为例，全国每年因重金属污染而减产的粮食多达 1000 万吨，另外被重金属污染的粮食每年也多达 1200 万吨，合计经济损失至少 200 亿元。

环保小知识

污水灌溉农田会造成大面积的土壤污染。如我国辽宁省沈阳张士灌区用污水灌溉 20 多年后，污染耕地 2500 多公顷，导致土壤和稻米中重金属镉含量超标，人畜不能食用。

干旱的农作物

↑ 庄稼枯萎

💡 对植物的危害

当土壤中的污染物超过植物的承受限度时，会引起植物的吸收和代谢失调，影响植物的生长发育，引起植物变异。对于农业生产来讲，这会使农作物减产，农产品质量下降。

💡 对人体健康的影响

土壤污染会使污染物在农作物的体内积累，并通过食物链进入人体和动物体内，危害人畜健康，引发各种疾病。

↑ 土壤中的污染物被植物所吸收，家畜食用了含有污染物的植物后体内会产生病菌，人类食用了染病的家畜后就会对自身的健康造成严重影响

💡 引发的其他问题

土地受到污染后，含重金属浓度较高的表层土壤容易在风力和水力的作用下分别进入到大气和水体中，导致大气污染、地表水污染、地下水污染和生态系统退化等生态环境问题。

岩石过度开采的危害

我们在日常生活中的许多地方都会用到石材，这些石头都是从石头山上开采来的。如果过量开采，不仅会破坏山的景观，而且也会影响山的稳定，制造无穷的隐患。

↑ 岩石开采

重要的建筑材料

自古以来，岩石就是建筑中不可缺少的材料，在今天，我们随处可以见到岩石雕塑和台阶，这些岩石是从哪里来的呢？它们都是采石工人从山中开采来的。

金字塔

闻名世界的埃及金字塔就是用开采得来的岩石修建而成的。其中，胡夫金字塔动用了上百万块巨石，平均每块石头有2吨多重。这些巨石是从尼罗河东岸开采出来的，当时既无吊车装卸，也无车辆运送，可以想象，把这些巨石堆砌成形是一项多么伟大而繁重的工程。

↑ 胡夫金字塔

💡 危及土壤

过度开采岩石会使整个土壤的结构和层次受到破坏,导致土壤肥力下降,植物生长较缓慢。植被一旦被破坏,就会从一定程度上改变原有的生态面貌,导致大量物种消失。

🔺 过度开采会破坏植物的生长

💡 水土流失

采石活动本身不仅仅需要挖山体,而且还要砍伐树木,剥离表土,就连产生的废土、废石的堆放也要占用一定的空间,这些都可能对植被造成破坏,并造成当地的水土流失,严重时还会引发泥石流。

环保小知识

你知道吗?在岩石开采过程中会产生一些污染物,这些污染物会随着地表水流入到河流或者渗透到地下水中,从而导致河流和地下水受到污染,使得水质下降。

🔻 采石场

拓展阅读

塑料与橡胶

对于现代人来说，塑料几乎无处不在，它可以十分容易地被塑造成各种形状，而且不容易发霉腐烂，因此用途十分广泛，但同时塑料垃圾也造成了令人头痛的环境污染问题。

↑ 塑料

什么是塑料

我们通常所用的塑料并不仅仅是一种物质，它是由许多材料配制而成的，合成树脂是塑料的主要成分。

独特的优点

塑料具有重量轻、成本低、坚固耐磨的特点，而且容易加工成人们所需要的样子，这使得它在人们的生活中得到普遍的应用。

寻找塑料制品

不管是"身材娇小"的牙刷，还是"体格庞大"的洗衣机，塑料已经遍布我们生活中的每一个角落。仔细观察一下你的周围，看看除了拖鞋、雨衣、玩具、肥皂盒，还有哪些东西是用塑料制成的？

↑ 塑料玩具

我和环保

生活中，我们应该尽量避免使用一次性塑料制品，这样不仅有利于减少垃圾来源，也有利于环境保护。

◄ 塑料袋

节约资源

塑料是由石油炼制出来的产品制成的，而目前石油资源十分紧缺，因此我们应该合理利用塑料，可以重复使用时尽量重复使用，比如一个塑料袋，用完后不要立即扔掉，可以洗干净了继续使用。

▼ 塑料再利用生产的塑料桶

废塑料再利用

废铁在回收之后可以熔炼出新铁，制造各种铁器。废塑料也同样可以"再生"：塑料内部结构就像泡沫颗粒一样，经过重新提炼，就可以制造出新的塑料产品了。

可以分解的新型塑料

现在，科学家已经研究出了一种新塑料，这种塑料不仅耐用，而且还是环保塑料，因为这种塑料中添加有特殊的物质，在阳光照射下可以自动分解，这样就不会在自然界中存在很长时间，导致污染环境了。不过你不用担心这种塑料会在太阳底下一下子分解掉，它还是很结实的，可以让你使用足够长的时间。

▲ 降解塑料所制的一次性饭盒

重金属污染

　　重金属是指铜、铁、锌等金属。其中有一部分是人类生命活动所必须的微量元素，但是大部分重金属如汞、铅、镉等并非生命活动所必须，而且所有重金属超过一定浓度都对人体有毒害作用。

危害极大的铅

　　铅是重金属污染中毒性较大的一种，一旦进入人体很难排除。它直接伤害人的脑细胞，会造成智力低下、痴呆、脑死亡等恶性疾病。

◂ 用含铅油漆或涂料对住房墙壁、地板和家具等进行装饰，会造成室内尘土含铅量升高

含有剧毒的水银

　　汞也称水银，是我们常用的温度计里显示多少度的银白色金属，它是一种剧毒的重金属，对人的大脑、神经、视力破坏极大。

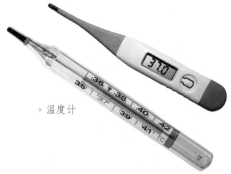

▸ 温度计

常见的重金属

　　只要留心观察，你就会发现我们日常生活中的重金属无处不在。比如房间的墙壁、家具上的油漆就含有铅，照明用的荧光灯、装饰用的霓虹灯内部都含有汞，我们使用的电池含有锰、镉，汽车尾气含有铅、镉。

较长的潜伏期

重金属可以通过食物、饮水、呼吸等多种途径进入人体，从而对人体健康产生不利的影响，有些重金属对人体的积累性危害往往需要一二十年后才能显示出来。

▲ 多喝水有利于排出体内毒素

水体重金属污染

水体重金属污染的主要来源为工业废水，包括采矿、选矿、冶金、电镀、化工、制革和造纸工业。

▲ 工业废水

从我做起

爱护环境从身边做起，一方面先留意自己身边的"重型杀手"，避免受到伤害；另一方面，爱护共同的家园，不要亲手炮制"杀手"，对于消除生活中的重金属污染，我们人人有责！

▲ 爱护环境，保护地球

第四篇
神奇的生物圈

第一章 奇特的世界

有用的森林

森林是人类的老家，人类的祖先最初就生活在森林里。森林提供了充足的野果、真菌、鸟兽给人类充饥，又提供了树叶和兽皮给人类做衣服。今天，森林依然为那些早已远离森林的人类提供着极其重要的生存保障。

💡 生产食物

人类的祖先来自于森林，那里提供了丰富的食物，例如果子、种子、根茎、块茎、菌类等。泰国的某些林业地区，一半以上的粮食取自于森林。此外，森林中的动物也为人类提供了充足的肉食来源。

💡 调节气候

森林是大自然的调度师，它调节着自然界中空气和水的循环，影响着气候的变化，保护着土壤不受风雨的侵犯，减轻环境污染给人类带来的危害。

▽ 森林

🔦 释放氧气

光合作用让树木有了净化空气的作用,它们在阳光下吸入二氧化碳,放出氧气。一棵椴树一天能吸收16千克二氧化碳,1.5平方千米的阔叶林一天可以产生100吨氧气。城市居民每人要拥有10平方米树木才能获得足够的氧气。

🔺 人工森林

环保小知识

制作一次性筷子的材料通常来自于森林中的树木,因此,大量使用一次性筷子必然造成对森林的过度砍伐。为了保护森林,我们应该避免使用一次性筷子。

🔦 生存的乐园

森林是生物赖以生存的乐园,这里没有人类的骚扰,有充足的食物和适宜的温度,没有干旱和风沙,是动物和植物生存的最佳场所。

🔺 人类乱砍滥伐

第一章 奇特的世界

73

沙漠里的生态

炽热的沙漠,向来被人称作生命的绝地,荒凉和恐怖的地方。其实,沙漠里也有着一群特殊的住户,这里并不是完全没有生命。如果你看了下面的内容,你会发现其实沙漠中也有很多的常住居民。

💡 沙漠如何形成

沙漠是地球地表上覆盖的一层厚而细软的沙子,和海边的沙滩一样。但是,沙滩是海水冲刷形成的,而沙漠是长期风化形成的。风用很漫长的时间将石头吹裂,形成了细小的沙子。

💡 人类的过失

有些沙漠并不是天然形成的,而是人为造成的。如美国在1908~1938年间,由于滥伐森林9亿多亩,大片草原被破坏,结果使大片绿地变成了沙漠。前苏联在 1954~1963 年的垦荒运动中,使中亚草原遭到严重破坏,非但没有得到耕地,还带来了沙漠灾害。

塔尔沙漠

💡 沙漠里的巨风

风造就了沙漠，也在不断地改变着沙漠的面貌。沙漠地区风沙大、风力强。最大风力可达 10~12 级。强大的风力卷起大量浮沙，形成凶猛的风沙流，不断吹蚀地面，使地貌发生急剧变化。它还会以沙尘暴的形式影响其他地区，甚至扩大沙漠的范围。

⬆ 沙漠

💡 顽强的沙漠植物

胡杨树不仅耐盐碱而且耐干旱，树根可以扎入地下 10 米吸取水分。坚韧的胡杨树是抵御沙漠侵袭的最佳屏障。仙人掌是干旱地区的典型植物，叶子变成了针状，完全避免了热量的散发，可以在沙漠等缺水地区生存。

⬆ 胡杨树

环保小知识

我国著名科学家竺可桢，经过对沙漠生态气候的研究，撰写了著名的环保文章《向沙漠进军》。他利用这篇文章号召我们努力开展沙漠化防治，通过植树造林等方法让沙漠变成良田。

保护土壤的植被

没有任何生物能像植物那样有效地保护土壤。植物将深入土壤的根系延伸到很深的地下，汲取土壤中的水分。在有植物生长的地方，土壤被植物的根牢牢抓住，风吹雨淋都无法轻易地掠夺这些土壤。

💡 土壤的守卫

泥石流是因为地面没有任何植被覆盖，在大雨过后，泥土沙石随水流而移动造成的。如果有足够的植物覆盖在地面上，水就会通过松软的土壤进入地下，表面的土壤就会受到植物保护，不容易被水冲走了。

💡 土壤肥力

土壤及时满足植物对水、肥、气、热要求的能力，被称为土壤肥力。肥沃的土壤能同时满足植物对水、肥、气、热的要求，是植物正常生长发育的基础。

泥石流摧毁道路

💡 能变色的土

植物赖以生长的土壤中一旦含有不同成分的金属物质，就会产生不同的变异。例如园林工人用施加铁、铝的办法可以使红绣球花属的一种植物的花变为蓝色。

▲ 绣球花

💡 抵挡风沙

沙漠边上种植的防护林可以有效的抵挡风沙的侵袭，土壤会慢慢聚集在树木的附近。正是这些防护林，让沙漠重新恢复了生机。

环保小知识

我国将每年的3月12日定为植树节，以鼓励全国各族人民植树造林，绿化祖国，改善环境，造福子孙后代。2013年的植树节主题是：深入开展造林绿化，大力推进生态文明建设。

▼ 沙漠中的绿洲

第一章 奇特的世界

77

不断减少的植被

人类的发展伴随着对森林的砍伐和破坏，随着地球上人口的不断增长，人们对木材的需求也不断增长。随着人类的乱砍滥伐，植被也在不断减少。

💡 森林的作用

森林对提高环境质量有着极为重要的作用。据计算，1公顷茂盛的阔叶林，每天能吸收二氧化碳 1000 千克，放出氧气 730 千克，一年中能蒸发 8,000,000 千克水，使空气湿润，降水增加，冬暖夏凉，起到调节气候的作用。

▽ 森林被砍伐

减少的森林

在人类的乱砍滥伐下，世界上的森林在不断减少。世界森林面积在历史上曾达到76亿公顷，覆盖着世界三分之二的陆地。1862年降到55亿公顷，1975年减少到26亿公顷。

▲ 水灾

▲ 黄河

人为的水灾

1998年，我国长江发生特大洪水灾害。经过专家分析，造成水灾的重要原因之一是长江上游的森林、植被大量减少，造成树木的水调节功能减弱。此后，人们开始努力植树造林，积极保护森林，遏制乱砍滥伐。

黄河本不黄

黄河原本也拥有清澈的河水，由于黄河沿途的人们从远古时期就不断砍伐河边的树木，造成水土流失。大量的泥沙流入河水中，使黄河的水逐渐被泥沙搅浑，渐渐泛黄的河水使人们将它命名为黄河。

不断消失的土地

在 数千年的时间里，人类和沙漠的战斗总是以人类的失败而告终。大片的良田和绿洲被沙漠吞噬，人类只能被沙漠赶离家园。随着人类环保意识的增强，一批批防护林被建立起来，抵御沙漠的进攻。

💡 人为过失

自然的沙漠化现象是一种以数百年到数千年为单位的漫长的地表现象，而人为的沙漠化则是以十年为单位。土地荒废，沙漠蔓延，由此带来的饥饿和灾难又以更加残酷的方式报复那些破坏自然的人类。

沙漠化

🔆 被吞噬的绿洲

科学家在撒哈拉沙漠中发现了很多原始人的骸骨，最终证实撒哈拉大沙漠在数千年前的确是气候宜人的绿洲。后来，沙漠吞噬了这些绿洲，将一个个人类文明埋葬在了黄沙之下。

由于人类过度放牧、砍伐导致了沙漠化

🔆 土地盐碱化

盐碱土是地球陆地上分布广泛的一种土壤类型，约占陆地总面积的25%。仅我国，盐碱地的面积就有3300多万公顷。在山东省的黄河三角洲地带，每年新增加的盐碱地达6000多公顷。

环保小知识

保护土壤的最好方法就是植树，植树讲究"一垫二提三埋四踩"：在挖好的树坑内再垫一些松土，树木栽种的时候要提一提树干，起到梳理树根的作用，而埋树的土要分三次埋下，每埋一次要踩实土壤，期间至少要踩四次。

拓展阅读

和植物做朋友

自然界存在很多吃植物的动物,它们给植物带来了一些伤害,但是面对害虫、害兽等敌人的侵袭,很多可靠的"好朋友"给了植物很多的关爱和保护,它们相互依存、不离不弃,堪称自然界的楷模。

好伙伴

植物有自己的防御方式,但是有时面对敌人,它们也会力不从心, 还好它们身边有好伙伴,例如蜜蜂、螳螂、蜻蜓、青蛙以及各种鸟,它们消灭害虫,保护庄稼,是植物的忠实卫士。

刀斧手——螳螂

螳螂是肉食性昆虫,能猎捕各类昆虫和小动物。螳螂常在田间和林区活动,能消灭不少害虫。螳螂动作灵敏,捕食速度极快。螳螂用有刺的前足牢牢钳住猎物,然后将其吃掉。

▼ 螳螂

啄木鸟

"森林医生"——啄木鸟

啄木鸟长着一个又硬又尖的长嘴。啄木鸟用嘴敲击树干，通过声音找到害虫躲藏的位置，然后啄开树皮，将长嘴插进巢穴，伸出一条蚯蚓似的长舌，舌头上有胶液，能把小虫粘住。

我和环保

鸟的种类繁多，生理结构、生活习性千差万别。益鸟与害鸟有时没有一个固定的分界线。食虫鸟类饿的时候也可能会破坏庄稼，重要的是我们不要人为地去破坏食物链。

青蛙捕食

捉虫能手——青蛙

青蛙爱吃小昆虫。青蛙捕虫时，张着嘴巴仰着脸，肚子一鼓一鼓地，蚊虫飞过来，青蛙猛地向上一蹿，舌头一翻，将蚊虫卷到嘴里，然后它又原样坐好，等待着下一个昆虫的到来。

第一章 奇特的世界

83

植物传说

植物分布遍及世界的每一个角落。这么庞大的家族,人们不可能每一种都了解,即使现在已经很熟悉的植物也是经历了漫长的时间一点一滴认识的。因为人类的好奇心和想象力,许多植物都充满了神奇的色彩。

郁金香

有三位勇士同时爱上了一位少女,他们给少女皇冠、宝剑和金堆。但少女对谁都不钟情,只好向花神祈祷,花神深感爱情不能勉强,就把皇冠变成鲜花,宝剑变成绿叶,金堆变成球根,这就是郁金香了。

郁金香

我和环保

相传,荷花是仙女玉姬的化身。当初玉姬动了凡心,偷偷出了天宫。王母娘娘知道后把玉姬打入西湖,将她"打入淤泥,永世不得再登南天"。从此,人间多了一种水灵的鲜花。

兰花

春秋时，燕姞梦见一位天使送给她兰花，佩戴它，就有人会喜欢她。不久，郑文公见了燕姞，赠给她兰花，两人十分恩爱。后来，燕姞怀孕，生下一子，取名为兰，就是后来的郑穆公。

圣诞树

相传几百年前，在圣诞节那天，有一位农人遇到一位穷苦的小孩，他热情地接待了孩子，这个小孩临走时折下根松枝插在地上，松枝立即变成一棵树，上面挂满了礼物，这就是圣诞树的由来。

↟ 兰花

紫罗兰

在欧洲，紫罗兰是象征爱情的花朵。相传，女神维纳斯，因情人远行，依依惜别，晶莹的泪珠滴落到泥土上，第二年春天竟然发芽生枝，开出一朵朵美丽芳香的花儿来，这就是紫罗兰。

↟ 紫罗兰

保护湿地

　　湿地与森林、海洋并称全球三大生态系统,具有维护生态安全、保护生物多样性等功能,所以人们把湿地称为"地球之肾"、天然水库和天然物种库。然而,工业污染和农田开垦正逐渐损耗着湿地的寿命,掠夺着湿地的资源,使大片湿地从地球上消失。

湿地的作用

　　沼泽湿地像天然的过滤器,当含有毒物和杂质(农药、生活污水和工业排放物)的流水经过湿地时流速会减慢,有利于毒物和杂质的沉淀和排除。一些湿地植物能有效地吸收水中的有毒物质,净化水质。

环保小知识

　　据资料统计,全世界共有自然湿地855.8万平方千米,占陆地面积的6.4%。世界上最大的湿地是巴西中部马托格罗索州的潘塔纳尔沼泽地,面积达2500万公顷。

消失的湿地

　　历史上中国的湿地总面积曾经达到6570万公顷,但是2004年统计的时候仅剩了3848万公顷,几乎下降了一半。湿地被严重破坏后,大批依靠湿地生存的生物也消失了。

世界上最大的湿地——潘塔纳尔沼泽地

湿地保护

2006~2010年，中国政府将根据《全国湿地保护工程规划》投入70多亿元，开展湿地恢复的试验性工作，保护和合理利用好湿地，并且把湿地保护纳入法律保护的框架内。

丹顶鹤的故事

一个叫徐秀娟的女大学生为了救一只受伤的丹顶鹤而滑进了沼泽地，再也没有上来，人们为了纪念她而谱写了歌曲《丹顶鹤的故事》。一些人在破坏生态的同时，还有更多的人为了保护生态环境而奉献自己的青春和生命。

丹顶鹤

签订《湿地公约》

1971年2月2日，来自18个国家的代表在伊朗南部海滨小城拉姆萨尔签署了一个旨在保护和合理利用全球湿地的公约——《关于特别是作为水禽栖息地的国际重要湿地公约》，简称《湿地公约》。

第二章 生态王国

生态平衡

在生态系统内部，生产者、消费者、分解者和非生物环境之间，维持着一种相对稳定的循环系统，这就是生态平衡。这种平衡是大自然中各个物种间长期调节稳定的结果，它维持着生态系统中每一个成员的正常发展。

💡 什么是生态平衡

生态平衡一方面是生物种类（即动物、植物、微生物、有机物）的组成和数量比例相对稳定，另一方面是非生物环境（包括空气、阳光、水、土壤等）保持相对稳定。生物个体会不断发生更替，但总体上看系统保持稳定，生物数量没有剧烈变化。

生态失衡的后果

生态系统一旦失去平衡，会发生非常严重的连锁性后果。例如，20 世纪 50 年代，我国曾发起把麻雀作为"四害"来消灭的运动。可是在大量捕杀了麻雀之后的几年里，却出现了严重的虫灾，使农业生产遭受巨大的损失。

 人类消灭了麻雀，害虫没有了天敌，就大肆繁殖起来、导致了虫灾发生、农田绝收等一系列惨痛的后果

生态系统的自我调节

在破坏并不严重的情况下，生态系统可以进行有效的自我调节，以弥补被破坏的部分。例如，捕食者增多，被捕食者数量就会减少。而被捕食者减少会引起捕食者的食物短缺，最终导致捕食者因饥饿大量死亡，从而再次达到平衡。

动态平衡

生态平衡是动态的。在生物进化和群落演替过程中就包含不断打破旧的平衡，建立新的平衡的过程。

保护生态

生态系统的平衡往往是大自然经过了很长时间才建立起来的动态平衡，一旦受到破坏，有些平衡就无法重建了，带来的恶果可能是人的努力无法弥补的。因此人类要尊重生态平衡，帮助维护这个平衡，而绝不要轻易去破坏它。

绿色精灵

自然界的植物通常由五部分组成：根、茎、叶、花和果实。根、茎、叶负责运输水、无机盐和营养物质。花朵里含有生殖器官。果实就是植物的种子或者包裹种子的部分。植物的各个部分保障了植物的生长和繁衍。

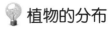
热带雨林植物

植物的分类

植物分为藻类、菌类、蕨类和种子植物，种子植物又分为裸子植物和被子植物。植物没有神经和感觉，不知道什么是疼痛，什么是痒。大多数植物含有叶绿素，可以进行光合作用。

植物的分布

植物世界庞大而复杂，在地球上的许多地区都有分布，占据了生物圈的大部分面积。从一望无际的草原到广阔的江河湖海，从炎炎的沙漠到冰雪覆盖的极地，处处都有植物的踪迹。

💡 绿色植物

在自然界中,植物的作用极为重要。地球上的一切生物生存所必需的物质和能量都是绿色植物提供的。绿色植物合成有机物,贮存能量,并释放出氧气,维持地球大气中的氧气平衡。

茉莉花

环保小知识

花是植物最动人的器官,这些美丽的花朵吸引了人们的目光,但是有一些游人在观赏时,折断花枝,这是不文明的行为。在游玩时,我们应该杜绝这种行为,做一个有素质的人。

💡 最高的树

澳洲的杏仁桉树是世界树木界的高度冠军。杏仁桉树最高可达 156 米,树干直插云霄,有五十层楼那样高。鸟在树顶上歌唱,你在树下听,只能听见像蚊子所发出的嗡嗡一样的声音。

光合作用

人和动物需要呼吸氧气来维持生命，而植物会通过光合作用来吸收二氧化碳释放氧气。光合作用是地球碳氧循环的重要途径，如果没有植物的光合作用，现有大气中的氧气只能维持人类几十年的呼吸需求。

什么是光合作用

　　在阳光作用下，绿色植物将二氧化碳和水（细菌为硫化氢和水）转化为有机化合物，并释放出氧气（细菌释放氢气）的过程，就是光合作用。在晚上，植物停止光合作，吸收氧气呼出二氧化碳。

　　▼ 光合作用是地球碳氧循环的重要媒介

光合作用场所

植物的器官非常多,那氧气是从哪个器官释放出来的呢? 1880年,美国科学家恩格尔曼通过光合作用的实验发现:氧气是由叶绿体释放出来的,叶绿体是绿色植物进行光合作用的场所。

影响条件

光合作用是一系列非常复杂的化学反应的总和。光照、二氧化碳、温度、水分、矿物元素,甚至是大气电场等都会影响光合作用,即使只有一种因素发生变化都会阻碍植物的光合作用。

排出氧气

吸收二氧化碳

 光合作用示意图

环保小知识

光合细菌是一种具有光能合成能力的微生物。光合细菌在有光照缺氧的环境中利用光能进行光合作用,同化二氧化碳。与绿色植物不同的是,它们的光合作用不产生氧气。

作用原理

植物和动物不同,它们没有消化系统,因此植物需要自己生产营养物质。在阳光充足的白天,绿色植物利用太阳光能来进行光合作用,以获得生长发育必需的养分和能量,而氧气只是排放的"废气"。

森林的危机

森林是世界的肺,它为全球生物的生存提供必需的氧气,调节大气的循环。森林中的动物和树木相伴,树林消失将使动物面临生存危机,而能解决这个危机的也正是制造这些危机的人类。

不断消失的鸟类

过去"春眠不觉晓,处处闻啼鸟"的生活已经很难在今天的城市里找到了,鸟儿都去哪里了? 科学家们推断,在过去400多年中,地球上约有5%的鸟类灭绝,近150年来,鸟类灭绝了800多种。

消失原因

人们对鸟类的捕杀、对森林的乱砍滥伐以及对环境的污染,都是造成鸟类灭绝的主要原因。人们砍伐树木盖起高楼,在森林动物的眼中,人类就是一个凶恶的入侵者。

▲ 黄石国家公园

💡 黄石国家公园

1832年，一个美国艺术家在旅行的路上，看到美国西部大开发对印第安文明和当地野生动植物的破坏而深表忧虑，他倡导建立一个国家公园以保护生态环境。1872年，美国国会批准设立了美国，也是世界最早的国家公园——黄石国家公园。

环保小知识

春秋时，著名宰相管仲曾说"十年之计，莫如树木"，明确指出，植树造林是一件长久之计。明朝皇帝朱元璋，大力鼓励种树，严令他家乡凤阳等地居民，每年都必须种桑、枣、柿树两棵。

💡 保护措施

当森林逐渐减少，很多动物永远的离我们而去的时候。人类开始思索自己的过失，为犯下的错误进行弥补，以避免更多的动物种群灭绝。植树造林、退耕还林等都是人类积极弥补的措施。

▲ 小朋友在植树

外来生物入侵

一个地区有它固有的生态圈，稳定的食物链使得生活在其中的每一个生物都能够均衡的发展。而一旦有不属于这个食物链的物种进入，那么它们就会打破已有的食物链，从而影响到整个生态圈。

💡 什么是生物入侵

生物入侵是指生物由原生存地经自然的或人为的途径侵入到另一个新环境，对入侵地的生物多样性、农林牧渔业生产以及人类健康造成经济损失或生态灾难的过程。

💡 疯狂的水葫芦

水葫芦也叫水浮莲、水凤仙，原产南美，现已被列为世界十大害草之一。大约于20世纪30年代它被作为畜禽饲料引入我国，我国滇池内连绵1000公顷的水面上全部生长着水葫芦，严重影响了滇池的生态系统。

水葫芦

↑ 龙虾

🔦 龙虾的危害

很多人都吃过麻辣小龙虾，硕大的虾头，通红的外表，加上物美价廉，深受客户欢迎。然而，这种原产于墨西哥的克氏原螯虾有一种打洞穴居的习惯，对池塘、湖泊和水库的安全都会造成极大的威胁。

🔦 严重的危害

我国是"外来物种入侵"造成严重灾害的国家之一，据统计，松材线虫、湿地松粉蚧、松突圆蚧、美国白蛾等入侵害虫每年危害森林面积约150万公顷。外来生物一旦入侵成功，要彻底根除极为困难，而且费用昂贵。

🔦 物种引进

在我们的日常生活中，"外来物种"与我们的日常生活密不可分。我们平常吃的小麦、石榴、核桃、葡萄、胡萝卜、菠萝都是历史上从外引进的。而美国加州70%的树木、荷兰市场上40%的花卉、德国的上千种植物都来自我国。

↑ 外来物种

拓展阅读

烦恼的夏威夷

夏威夷岛是夏威夷群岛中最大的岛屿，这里物产丰富，有着富饶的热带经济作物。但是，由于来往的船只携带来了大量老鼠，严重地破坏了这里的生态环境，于是为了消灭这些老鼠而上演了一场可笑的闹剧。

美丽的夏威夷

夏威夷是一个风景迷人、物产丰富的岛屿，这里有很发达的制糖业。此外，夏威夷还是一个旅游胜地，这里的游客川流不息。

肆虐的老鼠

夏威夷本来没有老鼠，老鼠是跟着各种货物进来的。因为没有天敌，老鼠肆意地繁衍，它们在夏威夷大大小小的岛上建立了许多"殖民地"。老鼠不只给居民的生活造成困扰，最糟的是它们严重破坏了夏威夷的制糖工业。

↓夏威夷

登场的猫鼬

要捕捉这些老鼠靠人类是不够的，因此人们想要一种动物，它要具备快速适应新环境的能力、凶猛的攻击性和高度的繁殖力，最重要的是还要爱吃老鼠。在人们脑海里立刻出现的就是猫鼬的形象了，它符合以上所有的要求。

无奈的结果

奇怪的是猫鼬的引进并没有减少老鼠的数量，反而野生的鸟类被猫鼬骚扰得无法生存。这是因为猫鼬只在白天出来捕食，晚上就回去睡觉了，而老鼠恰恰是在晚上才出来行动，因此它们根本没有机会碰面。

↑ 猫鼬

◂ 老鼠

人兔大战

捕猎兔子是很多猎人的爱好,甚至有时候为了捕捉一只兔子要等待很长时间。而当你身边突然出现成千上万只兔子时,恐怕你就不会再有兴趣去体会打猎的乐趣了。而这场规模宏大的人兔大战就在澳大利亚上演着。

铁丝"长城"

侵入澳大利亚的兔子啃光了当地的草皮,导致了土地的沙漠化,进而危及袋鼠的生存空间。澳洲政府为抑制兔子繁殖的速度,甚至筑起一条长达 1560 千米的铁丝网长城,却依然无济于事。

澳大利亚的袋鼠

人类行动

　　澳大利亚的兔子入侵，造成了一场前所未有的环境灾难。为此，澳大利亚政府动用军队，全副武装出击，对兔子进行歼灭，但收效甚微。随后，他们又对兔子采取了更残忍的细菌战。

消除兔子的细菌战

　　1951年，澳大利亚从南美引进一种能使兔子致死的病毒，让兔子染上病毒传播，结果99%以上的兔子病亡，兔害基本消除。

↟ 兔子

我和环保

　　1981年，广东引进了一种福寿螺，但由于养殖过度，市场效益差，而被遗弃，它很快扩散到自然界。福寿螺除威胁入侵地的水生贝类、水生植物和破坏食物链构成外，还携带大量病菌，因此被列为中国首批外来入侵物种。

死灰复燃

　　可是少数大难不死的兔子对病毒产生了抗性，于是又重新迅速繁衍后代。1993年，兔子再次达到4亿余只，以致澳大利亚"人兔之战"至今还在继续。

◂ 兔子喜欢吃草，而且还有刨食草根的爱好

一物降一物

　　"一物物降一物"的意思是,一种生物往往会被另外一种生物制服或者伤害。例如貌似凶狠的豺狼会被狮子吓跑,而狮子再威猛也惧怕大象。人类却可以利用这个方法来达到无公害治理环境的目的。

不甘平庸的仙人掌

　　澳大利亚原先没有仙人掌,一位牧场主去南美洲旅行时将它带回,种在了自己牧场的四周做栅栏。可是生命力极强的仙人掌不甘于做牧场的栅栏,开始向牧场进军了。十年后,澳大利亚几千公顷的牧场成了仙人掌的王国。

◁ 仙人掌

降服仙人掌

为什么仙人掌没有给南美洲造成这种灾难呢？显然，南美洲有降服仙人掌的天敌。澳大利亚年轻的昆虫学家阿连·铎特发现仙人掌的天敌是一些昆虫，也就是说，要控制仙人掌的生长，还必须要引进其天敌。

↑ 夜蝴蝶

仙人掌的克星

引进仙人掌已经让澳大利亚人吃亏了，他们不想继续找麻烦，所以引进仙人掌的天敌的工作一直很谨慎地进行着。多次试验后，终于圈定了夜蝴蝶，它只吃仙人掌，不吃澳洲其他的植物，尤其是农作物，同时它不会威胁澳洲本土昆虫的生活。

夜蝴蝶的功劳

当夜蝴蝶来到澳大利亚后，很快就结束了仙人掌灾难。而仙人掌少了，夜蝴蝶没什么可吃了，数量也逐渐减少起来，它没有在澳洲造成新的灾难。从此，夜蝴蝶的成功引进被传为佳话。